目录

注：本书根据相关资料绘制了示意图。

[比] 彼得·胡斯 著绘　陈琰璟 译

太阳记

从太阳神到观星者

中国出版集团
中译出版社

史前天文学

天文学是世界上最古老的学科之一。早期的天文学家一般由祭司担任，从星星所处的方位，他们能够解读出神明传递的信息。在许多早期的文明里，人们认为天体是能够决定天气和季节的神灵。而解读或预测天空中发生的各种变化，对于辨别方位和农业生产尤为重要。通过这些观测结果，人们制定了日历，用以标记不同的季节，并指导农民何时播种、何时收获。

巨石阵是坐落在英国威尔特郡的史前巨石建筑遗迹。它的历史可以追溯到公元前 2300 年左右。几千年以来，该地一直存在人类活动，有人推测那里曾是古时的墓地或疗愈中心。而从石头的排列布置来看，这极有可能是用于观测太阳的古代天文台。
特伦霍尔姆太阳战车距今已有约 3400 年的历史，是已知最古老的丹麦青铜作品。太阳战车多由马、蛇或鱼牵引，这一形象在其他文明中也有出现。
如果断代无误的话，具有 3600 多年历史的内布拉星象盘是目前发现的最古老的天空图像，它是青铜时代的产物。
“天空中的鸸鹋”是澳大利亚原住民在岩石上雕凿的一幅著名的星座图。这幅岩刻图像是根据夜空中银河的暗影勾勒出来的，而不是根据明亮的星星创作的。
澳大利亚原住民也是早期的天文学家。他们通过一个个故事、一首首歌曲以及一件件艺术品，将天文知识一代一代地传承下来。

努特是古埃及神话中的天空女神，她在画中经常以四肢撑地的形象出现，身下则躺着大地之神盖布。古埃及人相信努特每天晚上都会吞下太阳神拉，第二天一早再将其产下。

古埃及神话中提到，由于冥界试图阻止太阳在第二天早晨升起，众神便联手对抗冥界带来的危险。

古埃及法老地位崇高，自称“太阳神之子”。有的人还相信法老死后会化作众神间的星星，得以永生。

古埃及太阳历将一年分为 3 个季节，每个季节持续 4 个月，每月有 30 天，共计 360 天。在此基础上，古埃及人又额外增补了 5 天，也被称为“第 13 个月”，这 5 天是一些神明的生日。因此，全年共计 365 天。在古埃及人的观念里，第 13 个月往往充满了灾祸。那时，尼罗河会处于最低水位，并伴有虫害的发生。数字 13 会带来厄运的迷信说法也因此而来。

古埃及太阳历

古埃及的历史源远流长。大约 5000 年前，他们就拥有了相当高的发展水平。人们在一些记录、寺庙和墓葬中发现过星图和太阳历的存在。古埃及人的太阳历以季节划分，共 365 天，太阳历的形成对农业生产有着举足轻重的作用。人们会根据天体所处的位置来确定时间，比如，当时身兼天文学家的祭司已经知晓，天空中最亮的恒星天狼星，每年升起的时间与尼罗河开始泛滥的时间几乎相吻合。

起源自公元前 14 世纪的阿顿教是目前已知最早的一神教。埃及法老埃赫那顿认为新太阳神阿顿是唯一能够受人崇拜的神明。他死后，埃及才恢复多神信仰。

《亡灵书》写有咒语、祷词、赞美诗等，相传它可以帮助亡灵渡过冥界的各种难关。

人们在上埃及纳巴塔沙漠盆地中发现了公元前5000年左右的巨石阵，这证明天文学在古埃及具有重要的地位。一些研究者认为该结构是一个可以记录夏至的日历系统。

胡夫金字塔的四边精确地指向东西南北四个方向。当时的古埃及人很可能使用星星来确定金字塔的建造方位。

在夜晚，古埃及人会利用一种类似铅垂线的装置来测算时间，还用它来确定星星的位置。

中国古代的天文学家们记录了日食、月食发生的规律以及早期的太阳黑子和超新星现象。
在中国古代的传说中，宇宙如同鸡蛋一样混沌一团。巨人盘古用力撑破鸡蛋，轻而清的东西上浮形成为天，重而浊的东西下沉凝结为地。18000年之后，盘古死去，他的双眼化作太阳和月亮，血液变成了海洋及河流……
中国古代天文学家为了观察天文星象，将天空划分成了二十八星宿。

中国古代天文学

中国天文学的发展有着悠久的历史。在一些陶器、贝壳以及动物骨头上都发现过描绘太阳、星星和各类天文事件的图像，这些发现可以追溯到新石器时代。中国古代的帝王认为自己的权力是上天赐予的，他们称自己为天子，所以在当时，天文学迅速成为一门主导性的科学，也成为了一个强大的政治工具。当时，星星被赋予了能够预测未来的意义，占星学也因此能够影响人们的日常生活和政治生活。相传，从先秦时期开始，天文学家和天文官员就不间断地测绘天空。他们的许多观测结果有时也被应用于现代天文学的研究。

玛雅人的天文台

自公元前2000年，玛雅人便进行了非常准确的天文观测，拥有了精准而复杂的日历。同其他用肉眼观察天空的文明相比，由玛雅人创造的跟踪天体运动的天象表在精准度方面有过之而无不及。相较于古希腊天文学家托勒密，玛雅人计算的朔望月（月亮连续两次呈现相同月相所需要的时间）更加精确，并且他们对太阳年的计算比当时西班牙人算出的更准确。

传说，在经过无数险阻后，双胞胎英雄乌纳普和斯巴兰克分别化身成为太阳和月亮。
在墨西哥的霍奇卡尔科遗址（650—900）有座用于观测太阳的天文台，它的内部是个中空的大洞。一年之中有105天，中午的阳光都会透过天窗照射进洞穴中。
《德累斯顿手抄本》是关于玛雅文明的文献，其原稿被毁于第二次世界大战。它保存在同名德国城市德累斯顿的图书馆里，并因此得名。除记载了雨季、洪水和疾病的情况外，这本书还描述了太阳、其他恒星和一些行星的位置。

古巴比伦——一切皆是天意

在古巴比伦，几乎任何事物都能用于占卜。人们研究鸟类的飞行姿态、水面上浮油的变化以及动物的肝脏，并据此深入了解各种自然现象。此外，行星和恒星也可以用来预测未来。在古巴比伦，占星术可以说是以数学计算为基础的科学实践。

据苏美尔史诗记载，乌鲁克国王吉尔伽美什想要前往永生之地的太阳花园，寻找长生不老之术。为了到达那座花园，他必须穿过山上的太阳之门。每当傍晚，太阳就会在那里消失；清晨，太阳又重新出现。一对可怕的蝎子驻守着这扇大门。经过一番交涉，吉尔伽美什被允许进入一条通道，而之前从没有人涉足过此地。在一片漆黑之下，他沿着小路前行，最终来到太阳花园。他发现这里是一方天堂，里面种满了珍宝树。

中国人最早发明了浑天仪，古希腊人则紧随其后。当时，人们一般将地球置于浑天仪的中心，后来才改为了太阳。浑天仪是一种用来确定天体位置的仪器。

在关于伊卡洛斯的神话中，传说他插上由羽毛和蜡制成的翅膀，以便逃离克里特岛。因为蜡会融化，他的父亲代达罗斯警告他不要飞得太高，也不要靠近太阳。然而，伊卡洛斯过于自信，非常贴近太阳，导致了蜡的融化。最后，伊卡洛斯掉落到海中，而埋葬他的海岛就被称为“伊卡利亚岛”。

阿纳克萨哥拉斯（约前500—前428）对日食现象做出了正确的解释，他将太阳描述为比希腊最大的半岛——伯罗奔尼撒半岛还大的炽热发光体。他也是第一个提出月亮的光芒源自阳光反射的人。

柏拉图（前427—前347）是古希腊的哲学家。他建立的柏拉图学园在之后的2000多年里一直影响着西方文化。当时，人们认为宇宙中的一切都在和谐地运动，太阳、月亮和其他行星围绕地球精准地运行。

来自萨摩斯岛的古希腊天文学家阿里斯塔克（约前310—约前230）首先提出地球围绕太阳旋转，这被后世证明是正确的。不过，这在当时遭到宗教势力的强烈反对。

喜帕恰斯（约前190—前125）编制了载有850颗恒星位置和亮度的星表，制作了几个世纪内太阳和月亮的运动表，根据这个表可以推算日食和月食发生的时间。他开发出一套可以用于大数计算的数学算法，为对数的计算体系做出了贡献。喜帕恰斯还计算出了地球绕太阳一周的时间以及一个朔望月的周期，并且发现在其他天体的作用下，地球自转轴的位置会不断发生变化。

罗得斯岛上曾矗立着一尊巨大的高约32米的太阳神赫里阿斯铜像，它是古代世界七大奇迹之一，后来毁于地震。

古希腊人眼中的宇宙

在古希腊，人们对天象的观察比同时期其他地区的要更进一步。古希腊人将天文学与哲学、占星术和地理联系起来，并寻找数学模型来证明他们的观察。他们对各种天文现象也提出了不同的解释。直到牛顿出现，古希腊人的许多思想才开始在剑桥大学传播。

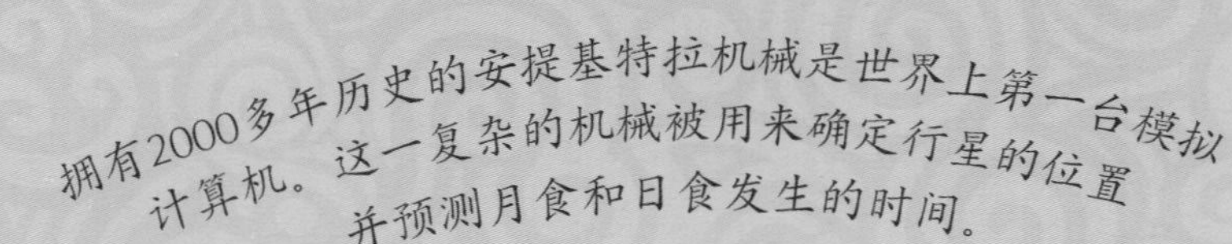

来自亚历山大城的克罗狄斯·托勒密（约90—168）是古代最具影响力的天文学家之一。在《至大论》一书中，他构建了一个以地球为中心的宇宙模型，并用数学的方法解释了天体的运动。9世纪，这本书被翻译成了阿拉伯文，并被命名为《天文学大成》。直到16世纪，这本《天文学大成》一直是天文学领域最重要的著作之一。当时，人们多认为地球是太阳系和宇宙的中心，地心说也因此流行了一千多年之久。

印度河流域上空的宇宙

印度河流域文明（大约始于公元前3300年）是世界上最早研究天文学的文明之一。印度最古老的经典文献《吠陀》描绘了宇宙的结构和演化、行星的运动等，并制定了阴历。这是世界上最早将太阳描述为太阳系中心的文献之一。同其他早期文明一样，印度河流域的科学发展与宗教也有着密切的联系。人们根据天文观测的结果可以精准确定举行宗教仪式的时间。在亚历山大大帝（前356—前323）征服印度河部分流域之后，希腊的天文学理论在印度开始蓬勃发展。

苏利耶是印度婆罗门教信奉的太阳神。《吠陀》中将他比作金色的宝石，认为他带来了光明，使得一天有了白昼和黑夜之分。在印度神话中，他也是众多神明之父，其中包括人类始祖摩奴、死神阎摩和猴王须羯哩婆。
阿耶波多（476—550）在《阿耶波多历数书》中对地球引力做了描述，并解释了为何地球旋转时物体不会倒下。他提出了太阳系以地球为中心的学说，认为行星在绕各自自转轴旋转的同时，会沿着椭圆轨道绕地球运行。他还写道，行星和月亮不会发出光芒，而是反射太阳的光，地球绕地轴自转，从而有了白天和黑夜。
古印度神话故事集《往世书》中记述，诸神的部分武器是由苏利耶的光芒碎片锻造而成的。
《阿耶波多历数书》是阿耶波多的代表作，也是他已知的唯一存世的著作。他是古印度时期最伟大的数学家和天文学家之一，他的代表性成果之一便是正弦表。
印度数学家及天文学家婆罗摩笈多（598—668）在《婆罗摩历算书》中将重力描述成一种引力。他也是最先使用代数方法来解决天文问题的学者。此外，据说他还是第一个将“0”作为数字进行运算的人。
科纳拉克太阳神庙被设想成太阳神苏利耶的马车，台基两侧雕刻着巨大的车轮。
12世纪时，乌贾因天文台由印度数学家和天文学家婆什迦罗（1114—1185）掌管。他对许多天文现象和参数都有着精准的计算，包括行星的位置、月食和日食的发生、月亮的阴晴圆缺、季节变化和地球绕太阳公转的轨道长度。

阿拉伯天文学

阿拉伯学者们曾试图收集全世界的知识。在8世纪至13世纪，大量来自古希腊、古巴比伦以及古印度的知识汇聚到这里，并被翻译成阿拉伯文。不过，阿拉伯人并未止步于翻译，有些理论受到了质疑，也有部分理论得到了进一步发展。有的学者利用太阳和月亮来确定斋戒和祈祷的时间。天文计算的结果也被用于确定麦加的方位，那里是人们祷告的方向。阿拉伯天文学家的这些工作以及对古希腊、古印度等天文学著作的翻译构成了西方天文学的基础。

在公元8世纪，通过翻译阿耶波多、婆罗摩笈多等人的著作，阿拉伯世界了解到了古印度的数学和天文学。

密特拉是古代印度-伊朗人神话中的光之神，也有学者认为是太阳神。

阿布·阿卜杜拉·穆罕默德·伊本·易卜拉欣·法扎里（约公元800年）是阿拉伯哲学家、数学家和天文学家。他将许多科学书籍翻译成阿拉伯文和波斯文。据说他建造了第一个阿拉伯星盘。使用这个仪器可以测量天体与地平线的角度和高度。

首部重要的阿拉伯天文学著作是阿拉伯数学家花拉子米（约780—约850）撰写的《印度天文学表的计算》。这部著作中包含了描述太阳、月亮和当时已知五大行星运动规律的数据表。花拉子米遵循了托勒密的地心说，并补充了他自己的天文观察结果。

艾哈迈德·伊本·穆罕默德·伊本·卡蒂尔·阿尔·法甘尼，是9世纪的阿拉伯天文学家。他在833年发表的著作《天文学基础》对托勒密的《天文学大成》进行了概括总结，并加入了早期阿拉伯天文学家修正后的数据。这本书于12世纪被翻译成拉丁文，在15世纪前的欧洲一直备受尊崇。月球上的阿尔·法甘尼陨石坑便是以他的名字命名的。

安卡是阿拉伯神话中的神鸟，相传可以活到1700岁。它非常睿智，常常给人指引，也会惩罚恶人。传说太阳落山的地方，就是它所在的位置。

13世纪和14世纪的一些阿拉伯天文学家质疑并批判了托勒密的地心说。他们的贡献对于后世哥白尼的理论也可能产生了较大的影响。

阿拉伯学者纳西尔丁·图西（1201—1274）对数学、天文学以及哲学的发展做出了巨大贡献。他对托勒密的天文学体系做了修正，并详细描述了行星的运动。

阿拉伯数学家、天文学家库特布丁·设拉子（1236—1311）是纳西尔丁·图西的学生。他描述了日心说的可能性，即认为太阳是太阳系的中心。

印加人和太阳神

13世纪初至1572年间，居住在秘鲁的印加人是极富经验的天文学家，他们研究太阳、月亮以及恒星的运动。他们的主神是太阳神因蒂。他能发出光和热，是人类的保护神。印加人拥有阳历和阴历两套历法。人们根据阳历来确认何时播种和收获。月亮两次出现在天空中同一位置的时间跨度为一个阴历月。印加人就是使用阴历来确定节日和宗教仪式时间的。

阿兹特克人的五个太阳

在墨西哥的阿兹特克文明（约1300—1521）中，自然界的万事万物都非常重要。祭司们密切注视着天空发生的变化，仔细研究着天体的运动。在那里，天文学被应用于建筑施工和日历制定等。根据恒星和行星的位置变化，人们还可以预言未来，并且举行相关的宗教仪式。

根据阿兹特克人的传说，在现在的太阳出现之前，地球上还先后存在过其他四个太阳。在不同的太阳纪，地球上居住着不同的人。在第一太阳纪，即“美洲豹时期”，巨人生活在地球上。阿兹特克人的羽蛇神曾与其兄弟特斯卡特利波卡展开大战，后者最终变成了一只能够吞噬一切的巨大美洲豹。

在第二太阳纪，特斯卡特利波卡掀起飓风来摧毁整个世界，以此达到报复羽蛇神的目的，所以这一时期也被称为“风日期”。

第三太阳纪，即“雨日期”，是在大火和灰烬中结束的。幸存者化身为蝴蝶、狗和火鸡。

威力巨大的海啸终止了第四太阳纪，即“水日期”，随后地球上的居民都变成了鱼。

这块阿兹特克历法石可能是在1502年到1521年之间雕刻而成的。有的学者根据石雕上的描述，曾预言世界末日于2012年12月21日降临。

太阳神托纳提乌是第五个太阳。根据阿兹特克人的说法，他们所处的便是托纳提乌时期。

从中世纪到现在

从罗马帝国覆灭到文艺复兴开始的这段动荡岁月里，欧洲的科学技术几乎停止了发展。在外部侵略、内部冲突和瘟疫共同的肆虐下，主要进行科学研究的学者多是宗教的神职人员。不过，哥白尼的著作深刻地改变了中世纪的宇宙观。

1543

哥白尼（1473—1543）在临终前出版了《天体运行论》一书。在书中，他指出太阳并非围绕着地球旋转，而是恰恰相反。不过，他的研究并没有马上改变当时人们对于太阳系的认知，但后来伽利略和牛顿证明了哥白尼的想法是正确无误的。日心说才是正确的宇宙观，在此基础上，现代自然科学才得以逐步发展。哥白尼所引领的革命是对当时科学体系的一次彻底革命。

早在望远镜发明之前，丹麦天文学家第谷·布拉赫（1546—1601）就已开始观测天空了。1572年，他发现了一颗超新星，并在《论新星》一书中对其进行了描述。之后，他在欧洲声名鹊起，并在丹麦国王的支持下，在汶岛建造了一座宏大的天文台——乌拉尼堡。开普勒（1571—1630）当时是他的助手。第谷·布拉赫去世后，开普勒继续推进他的工作。

像第谷·布拉赫和开普勒这些早期的天文学家，会将天文学和占星学结合起来。他们会利用天体的位置，为那些有钱人预测未来发生的事情。
1609
1609年，德国天文学家开普勒出版了《新天文学》一书。在书中，他率先宣布了行星运动的规律，即行星在各自的椭圆轨道上运行，并且在轨的速度不是匀速的。
开普勒小时候目睹了1577年大彗星的出现。这次大彗星在当时引起了欧洲和中东许多天文学家的注意。
1608
通过两片镜片的叠加，汉斯·李普希从自己的工作间便能看清远处码头停泊船只的细节。
荷兰眼镜制造商兼镜片打磨师汉斯·李普希（约1570—1619）曾为望远镜申请过专利。申报时，他称这是一种用于远距离观测的仪器。当时的科学家一般亲手打造自己的装备，而这项发明却快速传遍欧洲，被广泛使用。人们用新型的望远设备进行观测，极大加速了天文学的发展。
1610年，意大利天文学家伽利略（1564—1642）出版了《星际使者》一书。通过自己搭建的望远镜，他能更深入地研究宇宙。伽利略对银河、太阳黑子、月球上的陨石坑以及木星的卫星等都做过描述。他是哥白尼日心说的坚定拥护者。
1610
注：禁止使用没有减光措施的望远镜直视太阳。

法国国王路易十四（1638—1715），又称“太阳王”，在位72年多。路易十四将自己比作太阳，因为太阳能够照亮一切，每个人都依赖于它。
1687
1687年，英国科学家牛顿（1643—1727）的三卷本代表作《自然哲学的数学原理》问世，在书中，他提出了万有引力定律以及三大运动定律。牛顿的这些成就让天文学家得以了解太阳与行星、行星与卫星之间的相互作用力。
14岁那年，路易十四身着金色服装出现在舞蹈表演中，他饰演的角色正是太阳神阿波罗。
1759
英国天文学家埃德蒙·哈雷（1656—1742）发现，人们在1531年、1607年和1682年观测到的彗星其实是同一颗彗星。他预测这颗彗星以约76年为周期绕太阳运转。1759年，他的预言得到了应验。人们为了纪念他，将这颗彗星命名为“哈雷彗星”。哈雷彗星预计下次将在2061年出现。
1757
1757年，坎贝尔船长发明了六分仪，它可以测量太阳的高度角，从而计算出太阳所在位置的经纬度。
法国天文学家尼古拉·德·拉卡伊（1713—1762）曾经前往南非好望角进行天文远征观测，期间他对南天星空的10000多颗星星进行了测绘。回国后，他编制了第一个南天星空的星表。

1771
1771年，法国天文学家查尔斯·梅西耶（1730—1817）公布了一份包含45个星云和星团的星表。根据这份星表，“彗星猎人”可以检验天空中可见的斑点是否为彗星。梅西耶本人发现了13颗彗星。
法国科学家皮埃尔-西蒙·拉普拉斯（1749—1827）于1796年提出了太阳系起源的星云说。这是迄今为止对太阳系起源最具说服力的解释。
1796
拉普拉斯星云说认为：太阳系最初是一团巨大的灼热而旋转的星云，后来气体星云由于冷却而开始收缩，旋转加快。这种快速旋转的星云逐渐分离出许多环形物，这些环形物最终凝结成行星，而星云中心部分则集聚成了太阳。
天文学家弗雷德里克·威廉·赫歇尔（1738—1822）和他的妹妹卡罗琳·赫歇尔（1750—1848）发现太阳只是银河系的一小部分，且不是静止的。他们共同建造了一个长12米、口径1.22米的巨型望远镜，这是当时世界上最大的天文观测仪器。
1785
这是赫歇尔兄妹于1785年所绘的银河图。
爱尔兰天文学家罗斯伯爵，即威廉·帕森思（1800—1867）发现一些星云在宇宙中会形成螺旋形状。因此，他在1845年引入了“螺旋星云”这一术语。
1845

太阳的生命周期分为五个阶段。第一阶段为原恒星阶段，大约在46亿年前，密度稀薄而体积庞大的原始星云向内坍缩，在自身引力作用下收缩为原恒星。当原恒星内部的核聚变反应开始，就意味着原恒星阶段的结束，收缩停止，一颗恒星诞生，这颗恒星就是我们所说的太阳。目前的太阳处于第二阶段，即主序星阶段。如果它的核燃料的存量在50亿年内下降，核反应的发生将从太阳的核心转移到外壳进行。包围日核的气体壳层里面的氢开始燃烧，壳层上面的气体温度上升，太阳将大规模膨胀成一颗红巨星。最终，太阳作为白矮星很可能会慢慢冷却下来，作为恒星燃烧殆尽的残迹，成为一颗不发光的黑矮星。不过，太阳要达到推测的这种状态，所需的时间可能比宇宙诞生以来所用的时间还要长。

1920年，印度天体物理学家梅格纳德·萨哈（1893—1956）推导出一个方程式，用以计算恒星大气中每种元素的含量。这一方程式是破译恒星光谱的关键。
1920
阳光可以杀死吸血鬼的想法来自1922年上映的电影《诺斯费拉图》。在古代的民间故事里，阳光会削弱吸血鬼的力量。
真的有一种叫作太阳恐惧症的病，患者像吸血鬼一样害怕阳光。
1922
宇宙的庞大远远超出人类的想象。美国天文学家埃德温·哈勃（1889—1953）于1923年证明，之前被认为由尘埃和气体云构成的星云其实是独立的星系。他还发现宇宙在不断地膨胀，宇宙会变得越来越大。1929年，他提出了著名的哈勃定律。
自1990年以来，一直环绕地球运行的哈勃太空望远镜就是以他的名字命名的。
1923
1927
早在1927年，乔治·勒梅特就发表了同哈勃定律相同的理论。因此在2018年，哈勃定律被正式重命名为“哈勃-勒梅特定律”。
比利时神父和天文学家乔治·勒梅特是“大爆炸理论”之父。这个理论指出，在138亿年前，宇宙起源于一个密度无限大的奇点。
流星与恒星关系不大。它们通常是太空的尘粒和小碎粒闯入地球大气圈时同大气摩擦燃烧产生的光迹。
美国天文学家乔治·埃勒里·海尔（1868—1938）是现代太阳观测天文学之父。他一生的主要贡献在于对太阳的观测研究和制造巨型望远镜。
1948年建成的帕洛马山天文台位于美国加利福尼亚州。长期以来，它拥有世界上著名的巨型反射望远镜——海尔望远镜。

1957
1957年，苏联将全世界第一颗人造卫星斯普特尼克1号送入轨道。三个月后，美国发射了其第一颗卫星探索者1号。太空时代从此拉开了帷幕。到目前为止，已有超过11400个人造物体被发射到太空。
太阳神1号和太阳神2号是由德国（当时的西德）航空航天中心（DLR）和美国国家航空航天局（NASA）联合研制的两个探测器，它们分别于1974年及1976年发射升空。其中太阳神2号负责向地球传达有关太阳等离子体、太阳风、宇宙射线和宇宙尘埃的信息，工作到1980年。而太阳神1号则一直工作到1986年。现在，这两个探测器已经不再工作了，但仍绕太阳运行。
1974, 1976
仅仅在我们的银河系中，估计就有2000亿颗恒星。在宇宙中，人类可观测到的星系已经超过1000亿个，不过这只占了我们认知的一小部分。目前，人类已观测到140亿光年以外的地方，那些地方的光出发时地球还未诞生。
半人马座阿尔法星系距离太阳约4.39光年，是离太阳最近的恒星系统。1光年是光在真空中一年内所走的距离，约等于94605亿千米。
1950年后，天文学家意识到，天文台需要建在常年晴空万里、能见度高的地方。在湖泊附近建造天文台，并使用电子成像和真空望远镜，能够使天文学家进行更高分辨率的观测研究。据说坐落于加利福尼亚州的圣费尔南多天文台和大熊湖太阳天文台是最早根据这一理论选址的天文台。

太空时代的到来标志着对太阳的研究将发生质的飞跃。来自宇宙的部分电磁辐射，如红外线、紫外线和X射线中的某些成分会被大气层所阻挡。要对所有的电磁辐射进行测量和研究就必须使用卫星。

相传公元前5世纪，古希腊恩培多克勒写道，是女神阿佛洛狄忒点燃了人们眼中闪耀的火焰，从而照亮外物形成视觉。
公元前300年前后，古希腊数学家欧几里得完成了他的著作《光学》，书中描述了他对视觉的研究。他认为视觉是眼睛发出光线到达物体的结果。
公元前55年，古罗马诗人卢克莱修曾根据古希腊原子论写道："太阳的光和热都是由微小原子组成的。"尽管这一说法与后来的粒子理论相似，但卢克莱修的观点并未被广泛接受。
约公元140年，托勒密撰写了关于视觉的属性以及反射、折射和颜色的文章。
阿拉伯学者阿布·阿里·哈桑（965—1040）也被称为"阿尔哈曾"，他曾写道光是由太阳中做直线运动的微小粒子流组成的，它会被各种物体反射，这一论述是正确的。
当光触及物质时，它可以发生反射、折射或衍射。

自从有了光

地球上的主要光源来自太阳。可见光是一种能量，是电磁波的一部分，同时具有波动性和粒子性（波粒二象性）。它由光量子（简称“光子”）组成。它的颜色取决于光的频率，不同颜色的光拥有不同频率。研究光的学问叫光学，是物理学中的一个重要研究领域。

可见光只是电磁波中很小的一部分。电磁波涵盖的范围很广，既包含波长可达数千千米的低频电磁波，又包含波长比原子直径还小的高频电磁波。

可见光

极低频（ELF）	射频（RF）	红外线（IR）	紫外线（UV）	X射线	γ射线

低频率 高频率

包含光在内的电磁波都是由光子构成的，而光子被认为是离散的能量包，也就是说它不是连续输出的，而是一份一份输出的。当具有高能级的原子回落到低能级时，释放的能量包就是光子。当原子受到外来的能量，比如电、热等作用时，就会被激发并跃迁到高能级。

古希腊人认为白皙的皮肤是贵族的象征。以前，黝黑的皮肤往往与田地间劳作的穷人联系起来。不过，奢华的日光浴旅行改变了这一观点，晒黑了的皮肤反而成为了身份的象征。现在谈起健康肤色，一般指的是棕褐色的皮肤。不过，当我们在户外嬉戏时，还是要尽量涂上防晒霜，戴好遮阳帽和太阳镜来保护自己。

1903年，丹麦医学家尼尔斯·芬森（1860—1904）因用光线治疗疾病而获得诺贝尔医学奖。他用红光治愈天花患者的病灶（机体上发生病变的部位），用紫外线治疗皮肤结核。从那以后，光疗便开始进入临床应用。

19世纪初，由于工业革命的蓬勃发展，许多城市都笼罩在工厂的烟雾中，越来越多的工作和生活场景都在室内进行，阳光照射的不足致使儿童缺乏维生素D和患骨骼疾病的情况频发。

后来，通过参加度假营地的活动并且接受光疗，孩子们的骨骼变得越来越强壮。

光谱中的紫外线能够确保维生素D的生成，而在肠道中，维生素D又可以促进食物里钙、磷酸盐和镁的吸收。这些营养素对骨骼、牙齿和肌肉组织的健康有着重要的影响。所以，每天保证充足的户外活动时间是对身体有益的。

1913年，当威廉·克鲁克斯帮玻璃厂工人寻找预防白内障的镜片配方时，他意外地发现了一种可以阻挡紫外线的镜片配方。好的太阳镜可以保护眼睛免受紫外线的伤害。

有趣的光现象

从蓝天白云到绮丽彩霞，大气中的光学现象是通过光与物质的相互作用而发生的。阳光通过大气时可能会发生折射、反射或衍射等现象。云层、瀑布、喷泉，甚至花园喷水管都可以产生彩虹，这是微小的水滴折射光线所导致的。空气中尘埃和水珠的大小以及光线的入射角度共同决定了天空中会出现什么现象。

雨滴能把阳光分解成彩虹。
在一定高度时，我们能够看到环形彩虹。
有时天空会出现双彩虹的现象，两条彩虹间夹着一条“亚历山大暗带”。2世纪时，古希腊哲学家——阿佛洛狄西亚的亚历山大最早描述了这一现象，人们便以他的名字命名了这一暗带。
阳光照射在草地的露珠上会发生反射，有可能形成“草露宝光”的现象，就像一个光环环绕在人影子的头上。
日晕和月晕通常是由冰晶的折射引起的。
幻日和幻月是由大气中的板状冰晶引起的光学现象。
克劳德镜，又称“黑镜”，是表面染成深色的凸面镜，以法国画家克劳德·洛兰（1600—1682）的名字命名。18世纪时，艺术家和热爱自然的人使用它来获取更佳的全景镜像。
在一些宗教信仰中，彩虹是连接现世与来世的桥梁。
在爱尔兰民间传说中，小精灵在彩虹的尽头藏了一罐金子。

用三棱镜看不同颜色的光

光包含了很多信息。为了读取光中的信息，就必须将它分解成不同颜色或波长的光。19世纪初，弗劳恩霍夫和古斯塔夫·基尔霍夫对阳光进行了分析，他们发现不同颜色的光之间会出现许多暗线（夫琅禾费线）。由于每一种化学元素都具有独特的光谱，也就是说，每一条暗线都与特定的化学元素相对应，因此，通过研究吸收光谱、发射光谱和散射光谱，人们可以对光线中的信息进行破译，从而了解物体的重要信息。光谱学是天文学中确定恒星和其他天体组成的重要工具。恒星是根据它们的光谱特征进行分类的。如今光谱中的信息被计算机进一步解开，人们可以从中读到更多信息。下一代光谱仪将继续突破极限，使天文学家可以在遥远行星的大气中寻找生命痕迹。

光谱学的研究始于牛顿的光学实验。17世纪60年代，牛顿进行了一项实验，他将阳光照射到一个小孔中，然后让光通过三棱镜。牛顿发现白色的阳光实际上是由彩虹中所有颜色的光混合而成的。他将这种彩虹带称为“光谱（spectrum）”，这在拉丁语里是“幻影”的意思。

1800年，英国人威廉·赫歇尔（1738—1822）使用温度计来测量光谱上不同区域的温度。在将温度计放在光谱红端外时，温度上升得最高，而那里却完全没有颜色。他因此发现了不可见的红外线。

1801年，在研究光的化学作用时，德国化学家约翰·里特（1776—1810）发现了光谱另一端不可见的紫外线。

1814

夫琅禾费线是以德国物理学家约瑟夫·夫琅禾费（1787—1826）的名字命名的光谱线，这些吸收线最早发现于对太阳光谱的研究中。1814年，他发明了分光计，这是一种用于观察光谱，进行光学测量的仪器。

约瑟夫·夫琅禾费是一位孤儿，11岁时在一位刻薄的玻璃匠人手下工作。他不能去上学，只能没日没夜地工作。1801年，这间玻璃作坊突然倒塌，约瑟夫·夫琅禾费被掩埋在瓦砾下。当时领导救援行动的是后来巴伐利亚的国王马克西米利安。马克西米利安非常同情他，将他安排在了自己身边。之后，约瑟夫·夫琅禾费在一家光学仪器厂接受了教育，并参加工作。年纪轻轻的他，就成为了世界上高品质镜头、望远镜和其他光学仪器的顶尖设计师。

1860s

19世纪60年代，德国科学家罗伯特·本生（1811—1899）和古斯塔夫·基尔霍夫（1824—1887）通过燃烧化学元素来分析光谱。当他们用分光计检查附近燃烧着的房屋时，看到火中铅管和铜管发出的彩色闪光。在给每种元素的特有光谱线编目的基础上，通过这种方法，他们学会了在远距离识别不同物质。同样地，人们也可以利用这种方法分析出太阳的组成。

1861
来自英国的威廉·哈金斯（1824—1910）和他爱尔兰的妻子玛格丽特·默里（1848—1915）是天文光谱学的先驱。他们发现可以通过测量光谱线的位移来确定恒星运行的速度和距离。1861年，他们又发现太阳和恒星主要由氢组成。
1872年，亨利·德雷伯拍下了织女星的光谱。织女星是继太阳之后被拍摄的第二颗恒星，也是第一颗被记录光谱的恒星。
1872
美国的亨利·德雷伯（1837—1882）在他天文学的研究工作中将摄影和光谱学相 结合。当时，他梦想拍摄整个夜空的恒星并对它们进行编目。不过，他45岁便英年早逝，他的妻子向哈佛大学捐赠了一大笔款项，以实现他的愿望。
美国天文学家安妮·詹普·坎农（1863—1941）通过光谱对恒星进行了编目。经过多年的努力，他和威廉米娜·弗莱明等人编纂出版了《亨利·德雷伯星表》。这是一个包含225300颗恒星的列表，标注了每颗恒星的位置和光谱类别。后来经过补编，《亨利·德雷伯星表》总计对359083颗恒星进行了编目。
哈佛计算员是天文学家爱德华·皮克林（1846—1919）雇佣的一个女性天文学家团队，她们在哈佛天文台处理大量的天文数据。爱德华·皮克林去世后，哈佛计算员由安妮·詹普·坎农继续领导。
O B A F G K M

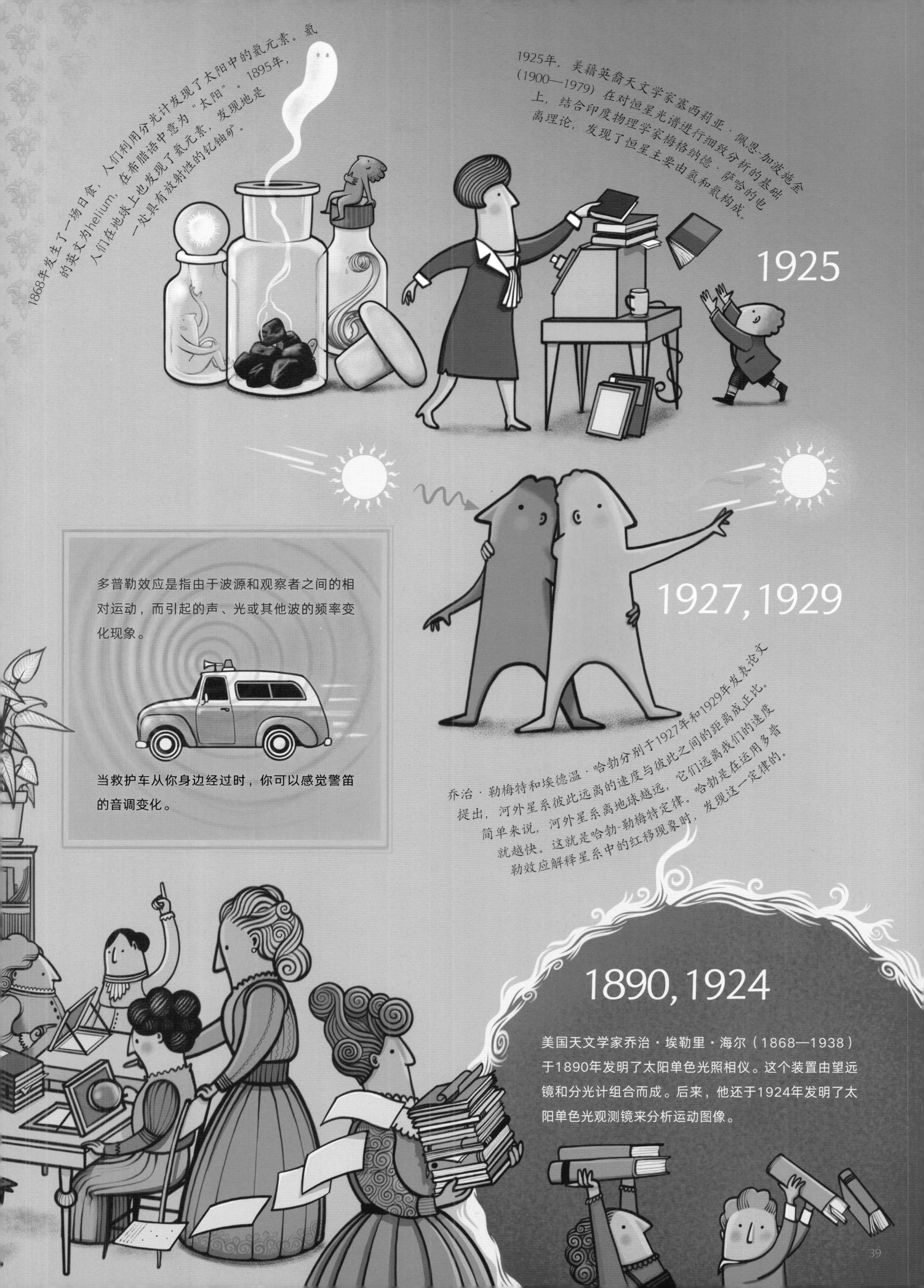

1868年发生了一场日食，人们利用分光计发现了太阳中的氦元素。氦的英文为helium，在希腊语中意为“太阳”。1895年，人们在地球上也发现了氦元素，发现地是一处具有放射性的钇铀矿。

1925

1925年，美籍英裔天文学家塞西莉亚·佩恩-加波施金（1900—1979）在对恒星光谱进行细致分析的基础上，结合印度物理学家梅格纳德·萨哈的电离理论，发现了恒星主要由氢和氦构成。

1927, 1929

多普勒效应是指由于波源和观察者之间的相对运动，而引起的声、光或其他波的频率变化现象。

当救护车从你身边经过时，你可以感觉警笛的音调变化。

乔治·勒梅特和埃德温·哈勃分别于1927年和1929年发表论文提出，河外星系彼此远离的速度与彼此之间的距离成正比。简单来说，河外星系离地球越远，它们远离我们的速度就越快。这就是哈勃-勒梅特定律。哈勃是在运用多普勒效应解释星系中的红移现象时，发现这一定律的。

1890, 1924

美国天文学家乔治·埃勒里·海尔（1868—1938）于1890年发明了太阳单色光照相仪。这个装置由望远镜和分光计组合而成。后来，他还于1924年发明了太阳单色光观测镜来分析运动图像。

看不见的宇宙

现在，人们认为宇宙的95%是由暗能量和暗物质构成的。暗物质是依据天文观测推断出的存在于宇宙中的不发光物质，包括不发光天体、星系晕物质，以及某些非重子中性粒子等。暗能量则是一种基于现有宇宙模型的假想能量，有学者认为它可以加速宇宙的膨胀。

1998
在1998年的一项国际研究中，科学家们想要计算宇宙膨胀的速度。不过，他们发现遥远的超新星看起来比以前想象的要暗，因此可知它们的距离要比预想的更远。同时他们也发现宇宙膨胀的速度比预期的要快。造成这种加速的驱动力被称为"暗能量"。
在科幻作品中经常会看到使用暗能量驱动航天器。
美国科学家亚当·里斯（1969— ）、布赖恩·施密特（1967— ）和索尔·珀尔马特（1959— ）因证明宇宙正在加速膨胀而获得2011年诺贝尔物理学奖。
约27%是暗物质。
约68%是暗能量。
宇宙约5%由我们已知的物质组成，例如彗星和行星、太阳和星系、星云和气体云、黑洞等，约27%是暗物质，约68%是暗能量。

捕捉来自宇宙的信号

射电天文学是天文学中一个较新的分支。在这一学科里，人们的研究方式不再是直接观测天体，而是研究宇宙中到达地球的各种波束。近60年来，有不少关于宇宙的重大发现都是借助射电望远镜实现的。世界各地的天文学家会使用射电望远镜来观察恒星、行星、星系、尘埃云和气体分子中自然产生的无线电波。

来自美国的卡尔·古特·扬斯基（1905—1950）是贝尔实验室的一名工程师，他曾对跨大西洋无线电通信中的信号干扰问题进行过研究。当时，他架设了一部被称为“旋转木马”的大型旋转天线，通过它，卡尔·古特·扬斯基识别出一些背景噪声的来源，比如附近的雷雨、遥远的雷雨。有一次他还发现耳机中传出较微弱的嘶嘶声。这些嘶嘶声后来被证明是来自银河系中心天体的无线电波引起的。他在1933年公布了这一发现，奠定了射电天文学的基础。

1937

美国人格罗特·雷伯（1911—2002）是射电天文学的先驱。他研究了卡尔·古特·扬斯基的首批观测数据，在其基础上继续开展新的观测工作，并获得了大量的新数据。1937年，他在自己的院子里搭建了一台射电望远镜，并进行了第一次无线电巡天（用天文望远镜对天空进行系统性观测并对结果进行编目或绘图）。在之后的近10年里，他是世界上唯一的射电天文学家。第二次世界大战后，人们对雷达技术有了更多认知，对于射电天文学的兴趣也与日俱增。

1942年，英国物理学家詹姆斯·史坦利·海伊（1909—2000）发现太阳辐射出无线电波。不过，他的发现直到战后才公开。他还首次发现了来自天鹅座方向的银河系外辐射源。

第二次世界大战期间，英国雷达被巨大的噪声干扰，人们最初认为这是德国人的所作所为。而后续的研究表明，这些噪声其实是由大规模的太阳黑子活动和剧烈的太阳耀斑爆发所产生的。

1942

1965年，罗伯特·伍德罗·威尔逊（1936— ）和阿诺·彭齐亚斯（1933— ）两位研究员捕捉到了大气中无法解释的噪声源。起初，他们认为是天线上沾到的鸽粪或者出现的裂缝造成了这样的干扰。后来证明，他们当时发现的是宇宙微波背景辐射，即宇宙大爆炸后不久所产生的热辐射。
1965
1967年，英国天体物理学家苏珊·约瑟琳·贝尔·伯奈尔（1943— ）发现了第一颗脉冲星。这是一颗能够发出电磁辐射的快速旋转的中子星。在地球上，这种辐射以快速脉冲的形式被人们观测到。
中子星为巨星坍缩后的核心。它是一种相当小的恒星，半径为10～20千米。不过，它的密度却非常惊人，一汤勺中子星物质的质量就可以达到10亿吨。中子星每秒可以绕轴自转1000次，其引力比地心引力强2000亿倍。
1967
在1997年上映的《超时空接触》中，甚大天线阵（VLA）首次侦测到了来自外太空的信号。
事件视界望远镜（EHT）是始于2009年的国际合作项目，由世界各地的射电望远镜网络组成。因此，它是一台口径等效于地球直径的虚拟射电望远镜。
坐落于美国新墨西哥州的甚大天线阵（VLA）始建于1973年，由27台直径25米的天线组成，是如今最大的射电望远镜之一。这些天线组合成的最长基线可达36千米。
1973
2009

日震学和星震学

人类只能直接观测太阳最外层的情况，即光球层、色球层和日冕层。想要了解太阳内部到底发生了什么，必须从太阳的辐射和振荡中获取信息。太阳会受到自激振荡的影响，而振荡则会产生不同的声波，并在太阳表面引起波动。在振动波观测仪器的帮助下，人们便可以了解一些太阳内部的情况了，这门学科被称为“日震学”。星震学则是通过观测遥远恒星表面波动的情况研究恒星内部结构的学科。

地球相对太阳来说非常小。

太阳的直径约为139.2万千米，是地球的109倍，太阳的体积则是地球的130万倍。太阳表面积约为6.1万亿平方千米，是地球的12000倍。

太阳核心的密度和温度足以引发核聚变反应。其温度约为1500万摄氏度。

能量从太阳核心发出，接着穿透辐射区。辐射区是一个放射性的壳层，主要以光子的形式将能量传输到太阳的外层。天体物理学家认为，光子从太阳核心到达太阳表面可能需要10万到20万年的时间。

光球层就是我们平时看到的太阳圆面，厚度可达几十到几百千米不等，是由不断运动的高温等离子体组成的。对于等离子体形式的气体来说，由于热量的原因，电子不再附着在原子核上，因此气体由带电粒子组成。米粒组织是太阳光球层上呈米粒状的明亮斑点。这些颗粒结构的直径为200～2500千米，寿命约10分钟。

光球层上方是色球层，温度可以从底部的几千摄氏度上升到几万摄氏度。在磁力的作用下，色球层上形成了弧状和针状的结构。

日冕，即太阳的大气层，能够延伸到外太空数百万千米甚至更远，并且结构和温度都在不断变化，温度高达百万度摄氏度。在日全食发生时，比较容易观察到日冕。

“太阳和太阳风探测器”（SOHO）于1995年发射，原计划是对太阳进行2年的观测。不过它目前仍在为科学研究工作，服役已经超过26年了。太阳和太阳风探测器搭载了多台望远镜等仪器，用以测量太阳的振荡速度。

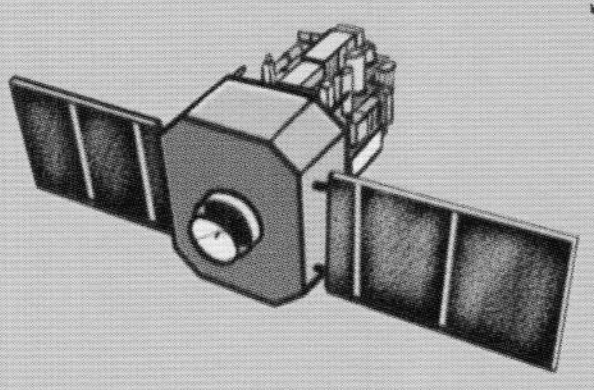

1995

星星之所以会闪烁，主要是由地球大气湍流造成的。潮湿的空气、灰尘等细小颗粒，有时也会阻碍光的传播，造成闪烁现象。而有些星星会“自发”闪烁，即所谓的脉冲星。

通过全球望远镜网络，例如全球日震观测网（GONG），进行观测，日震学家能够研究太阳结构几十年来的变化。

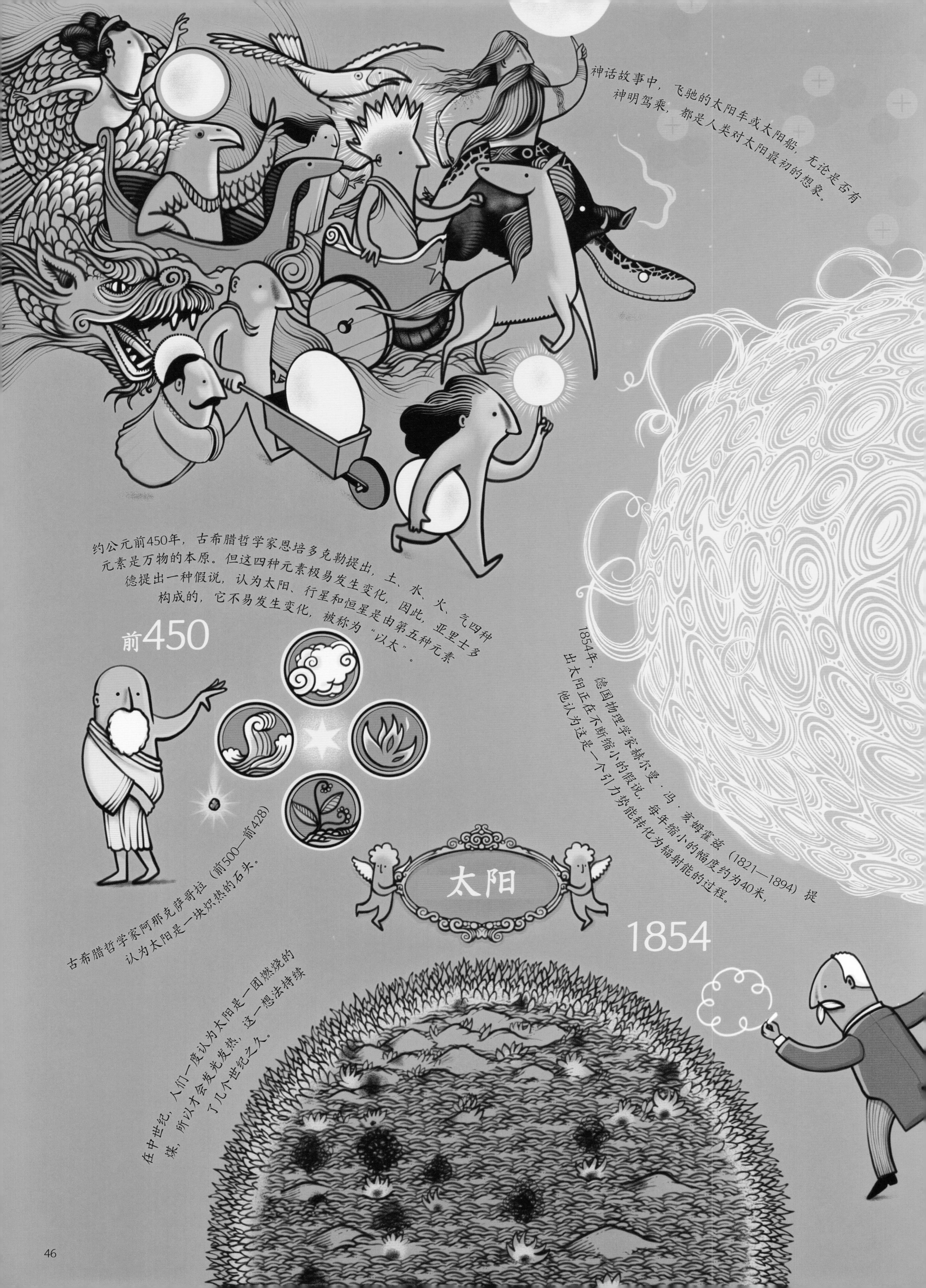
神话故事中，飞驰的太阳车或太阳船，无论是否有神明驾乘，都是人类对太阳最初的想象。
约公元前450年，古希腊哲学家恩培多克勒提出，土、水、火、气四种元素是万物的本原。但这四种元素极易发生变化，因此，亚里士多德提出一种假说，认为太阳、行星和恒星是由第五种元素构成的，它不易发生变化，被称为“以太”。
前450
古希腊哲学家阿那克萨哥拉（前500—前428）认为太阳是一块炽热的石头。
太阳
1854年，德国物理学家赫尔曼·冯·亥姆霍兹（1821—1894）提出太阳正在不断缩小的假说，每年缩小的幅度约为40米，他认为这是一个引力势能转化为辐射能的过程。
1854
在中世纪，人们一度认为太阳是一团燃烧的煤，所以才会发光发热，这一想法持续了几个世纪之久。

1500万摄氏度的核聚变

组成太阳的化学元素中有超过70%的氢，其余部分主要为氦及少量较重的元素，如碳、氮、氧、镁、硅和铁等。太阳内部发生的核聚变每秒可将6亿吨氢核转化为氦核。大约50亿年后，日核中的氢消耗殆尽，日核外层的氢开始燃烧，太阳将变成一颗红巨星。在此之前，人类需要找到新的适宜居住的星球。

目前人们正在法国建造一台托卡马克设备，这是一种研究核聚变的巨大装置，其目的是向人类提供一种经济高效的能源。这就是国际热核聚变实验堆（ITER）计划，是由欧盟、日本、韩国、中国、印度、美国和俄罗斯共同参与的国际合作项目。成员国希望在2025年左右进行首次等离子体实验。实验目标是在500秒内产生5亿瓦的电力。

太阳黑子

太阳黑子是太阳表面的暗黑斑点。强大的磁场导致太阳内部的热量难以充分输送到太阳表面，使局部区域温度下降，变得稍暗，由此形成了黑子。当它们在太阳表面移动时，大小会不断发生变化，直径可以从几十千米到几十万千米不等，而这一过程会持续数天到数月，在此期间人们可以对其进行观测。平均每11年，太阳的磁极就会交换一次位置，此时可以看到更多的太阳黑子。太阳越活跃，太阳黑子就越多。据推测，2024年，将再次迎来太阳活动的高峰期。

1976年，埃迪论述了在1645年至1715年间太阳活动的情况，认为这70年间太阳活动异常衰微，甚至可以说是停止了，把这段时期称为“蒙德极小期”。以蒙德极小期内一段30年时间为例，天文学家只观察到约50个太阳黑子，而在平常的相同时段，可以观察到40000至50000个太阳黑子。
1645—1775
英国的牧师托比亚斯·斯温登（1659—1719）曾说过，地狱不在地球上而在太阳上，因为前者无法容下不计其数的罪人。
近两个世纪以来，关于太阳的疯狂猜想此起彼伏。天王星的发现者威廉·赫歇尔曾写道，透过太阳光球层中的孔洞（即太阳黑子）可以看到其中的太阳生物。
以前还有的人认为，太阳黑子是太阳上的高山。
1798
1798年，查尔斯·帕默将太阳描绘成一个巨大的冰盘，它像放大镜一样将宇宙射线投射到地球上。
德国天文学家塞缪尔·施瓦贝（1789—1875）曾希望能发现有新的行星从太阳黑子前方经过。为此，1826年至1843年间，他会在每个晴天对太阳进行研究。最终，他并没有发现新行星，而是发现了太阳黑子数量增长的规律，即太阳黑子的活动存在周期性，平均周期为11年。
1826
其他恒星上也会有类似于太阳黑子的斑块，我们称之为“星斑”。HD12545是一颗体型巨大的红巨星，人们在它表面观测到了比已知最大的太阳黑子还大10000倍的星斑。

太阳耀斑和等离子体云

太阳耀斑是太阳表面局部亮度突增的现象，是一种剧烈的太阳活动，通常在太阳黑子附近被观测到。太阳就像是一个巨大的核聚变发电站，它内部的磁场会发生旋转和挤压，巨大的引力会产生太阳耀斑。太阳耀斑发射出的等离子体云被抛射入太空，这被称为“日冕物质抛射”。由太阳耀斑发出的物质最终会在太阳风中消散。

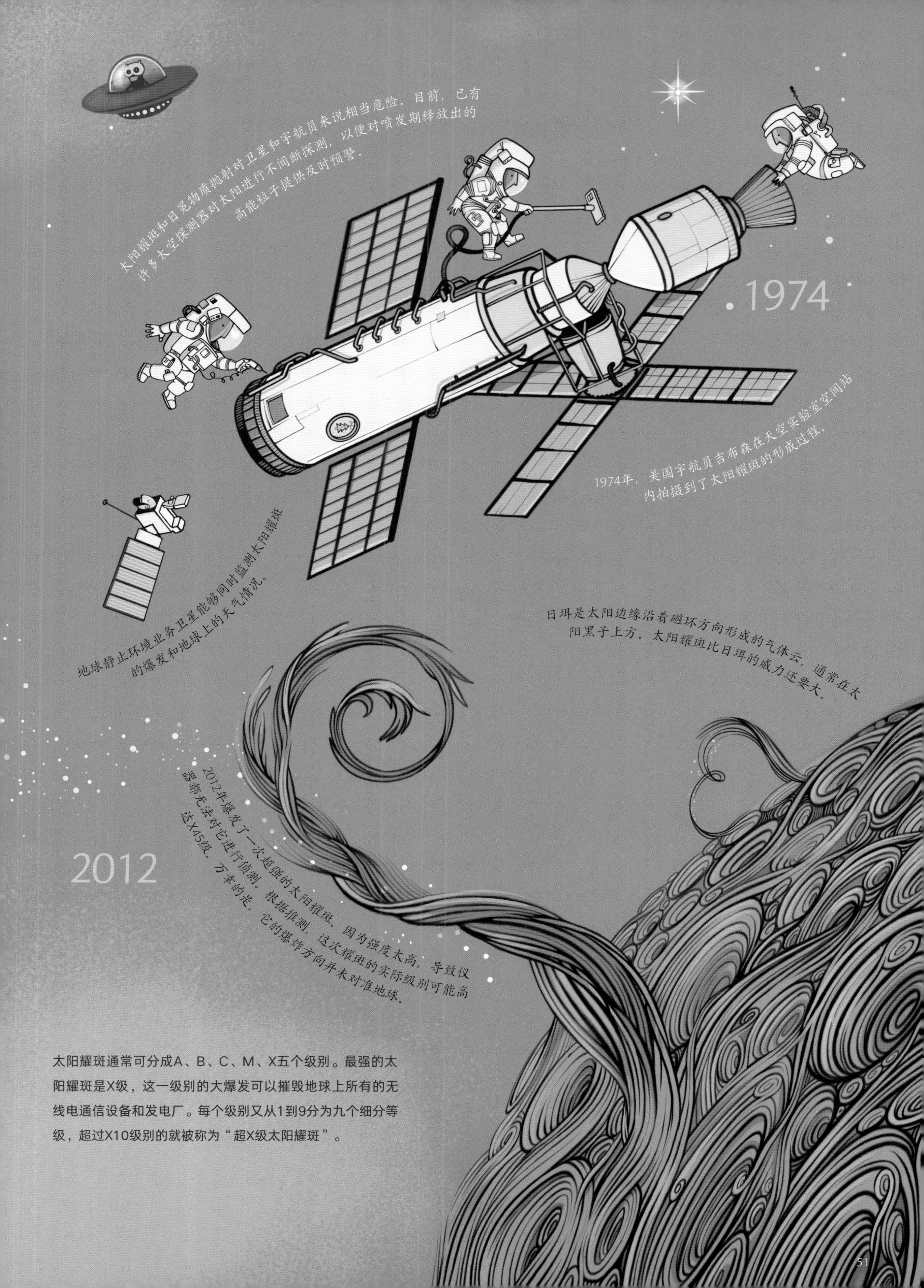

太阳耀斑和日冕物质抛射对卫星和宇航员来说相当危险。目前，已有许多太空探测器对太阳进行不间断探测，以便对喷发期释放出的高能粒子提供及时预警。

1974

1974年，美国宇航员吉布森在天空实验室空间站内拍摄到了太阳耀斑的形成过程。

地球静止环境业务卫星能够同时监测太阳耀斑的爆发和地球上的天气情况。

日珥是太阳边缘沿着磁环方向形成的气体云，通常在太阳黑子上方。太阳耀斑比日珥的威力还要大。

2012

2012年爆发了一次超强的太阳耀斑。因为强度太高，导致仪器都无法对它进行侦测。根据推测，这次耀斑的实际级别可能高达X45级。万幸的是，它的爆炸方向并未对准地球。

太阳耀斑通常可分成A、B、C、M、X五个级别。最强的太阳耀斑是X级，这一级别的大爆发可以摧毁地球上所有的无线电通信设备和发电厂。每个级别又从1到9分为九个细分等级，超过X10级别的就被称为“超X级太阳耀斑”。

太阳风和太阳风暴

太阳风是指从太阳外层大气射出的粒子流。如果威力巨大的太阳风暴袭击地球，可能会对人类的高科技社会产生影响。随着世界更加依赖互联网、电力、卫星导航和通信系统，一场严重的太阳风暴可能会在全球范围内造成巨大破坏。

1582

1582年，一位葡萄牙作家曾写道："北方的天空连续燃烧了三天三夜。"而当时处于织丰时代的日本，天空中也出现了同样的红色火光。类似的夜间奇异发光现象在世界各地都有记录，赤道附近的人们之前从未见过极光，许多人认为这是一种宗教预兆。

1859

在1859年9月2日的卡林顿事件期间，世界范围内的大部分电报接连发生中断，电报机内发出火花，这意味着"维多利亚时代的互联网"瘫痪了。五颜六色的极光照亮了整个夜空。

范艾伦辐射带，是环绕地球的两条天然的高能带电粒子辐射带。它们在很大程度上保护地球免受太阳风暴的破坏。一般情况下，我们很少注意到太阳风暴的发生，除非它引发了异常耀眼的极光。“范艾伦辐射带”以美国空间物理学家詹姆斯·范·艾伦（1914—2006）的名字命名，他坚持认为探索者号卫星应携带盖革计数器来探测带电粒子。

奇帕瓦人是加拿大本土的部落族群，他们曾传说，在北极光中看到了祖先们跳舞的幻影。
据中国的神话传说记载，大约5000年前，附宝看到天空中一条行云流水般的光带后，便突然有了身孕。之后，她生下了中华民族的始祖之一——黄帝。
在澳大利亚原住民的古老传说中，极光是由恶灵引起的火。还有的传说将其描述为死者之地的幽灵篝火。
1619年，伽利略首次用Aurora Borealis一词来表示北极光。Aurora是罗马神话中的黎明女神，Borealis则是希腊神话中的北风之神。南极光被称为Aurora Australis，australis一词在拉丁语中是“南方”之意。
1619
古罗马作家塞内卡曾写道，天空中突现一道刺眼的红光，照亮了整个天空，救火人员还以为发生了火灾，急忙出动前往灭火。

极光

极光是夜空中绚烂的光影，根据地理位置的不同，可分为北极光和南极光。地球的极光由太阳风引起，当太阳风到达地球时，其中的高能带电粒子流在地球磁场作用下，会沿着磁力线的方向到达两极，从而呈现灿烂美丽的光辉。如在太阳活动盛期，极光有时会延伸到中纬度地带，在各地形成明暗不同、颜色各异的光。

在新石器时代，中国人建造房屋时就已考虑到将门朝南设置。到了冬季，即使太阳高度角较小，也可以使更多斜射的太阳光线进入室内，从而提高室内温度。而在炎热的夏日，屋檐可以阻挡最热时的直射阳光进入屋内。
几千年之后的古希腊人也提出了相同的建筑理念。他们还修建了东西走向的道路，这样每家每户都可以利用南面的阳光为房屋供暖。
古罗马人建造浴场时，会把窗户建得格外大。这样的话，阳光照射进来就能为浴室供暖，好像自带暖炉一样。
古罗马人沿用了古希腊人的太阳能供暖系统以及日晷。对于古罗马人来说，阳光至关重要，甚至在法律条文中也规定了人们享有阳光的权利，任何人都不能遮挡邻居家的阳光。
古罗马皇帝提比略希望全年都能吃到黄瓜，古罗马人为此专门设计了类似温室的轮式推车。这样一来，就可以随处移动黄瓜，且阳光不受遮挡，即使在寒冷的冬季，也有足够的阳光来促进黄瓜的生长。
据说，在锡拉丘兹围城战期间（前214—前212），阿基米德使用抛光过的铜制盾牌作为反射镜反射阳光，点燃了罗马的战船，并使船上的士兵睁不开眼。

太阳能

地球上的所有生命依赖太阳的能量才能生存。几千年来，人类一直利用太阳的光和热来烹饪、晾晒、计时并开展农业生产。而太阳向地球辐射的能量远远大于人类使用的太阳能，因此太阳能具有满足未来能源需求的巨大潜力。太阳能取之不尽，且无污染，是煤、石油和天然气等有限化石燃料的理想替代品。

1839
1839年，法国物理学家亚历山大·爱德蒙·贝克勒尔（1820—1891）发现，某些材料经过阳光的照射能够产生电荷。
1866
1866年，法国发明家奥古斯丁·穆肖（1825—1912）制造了世界首台太阳能发动机。这台发动机含有一组镜子阵列，能将太阳光线聚集在一根金属水管上。当管中的水沸腾时，蒸汽就能推动发动机运行。
1873
1873年，英国工程师威洛比·史密斯（1828—1891）发现硒具有光电导性，可以将光能直接转化为电能。
1883
1883年，美国发明家查尔斯·弗里茨（1850—1903）制造了世界上首枚硒光电池。1884年，他在纽约的屋顶上架设了首块太阳能电池板。不过，当时光能转换成电能的效率只有1%。
如今，玻璃温室在我们的生活中已被广泛应用。

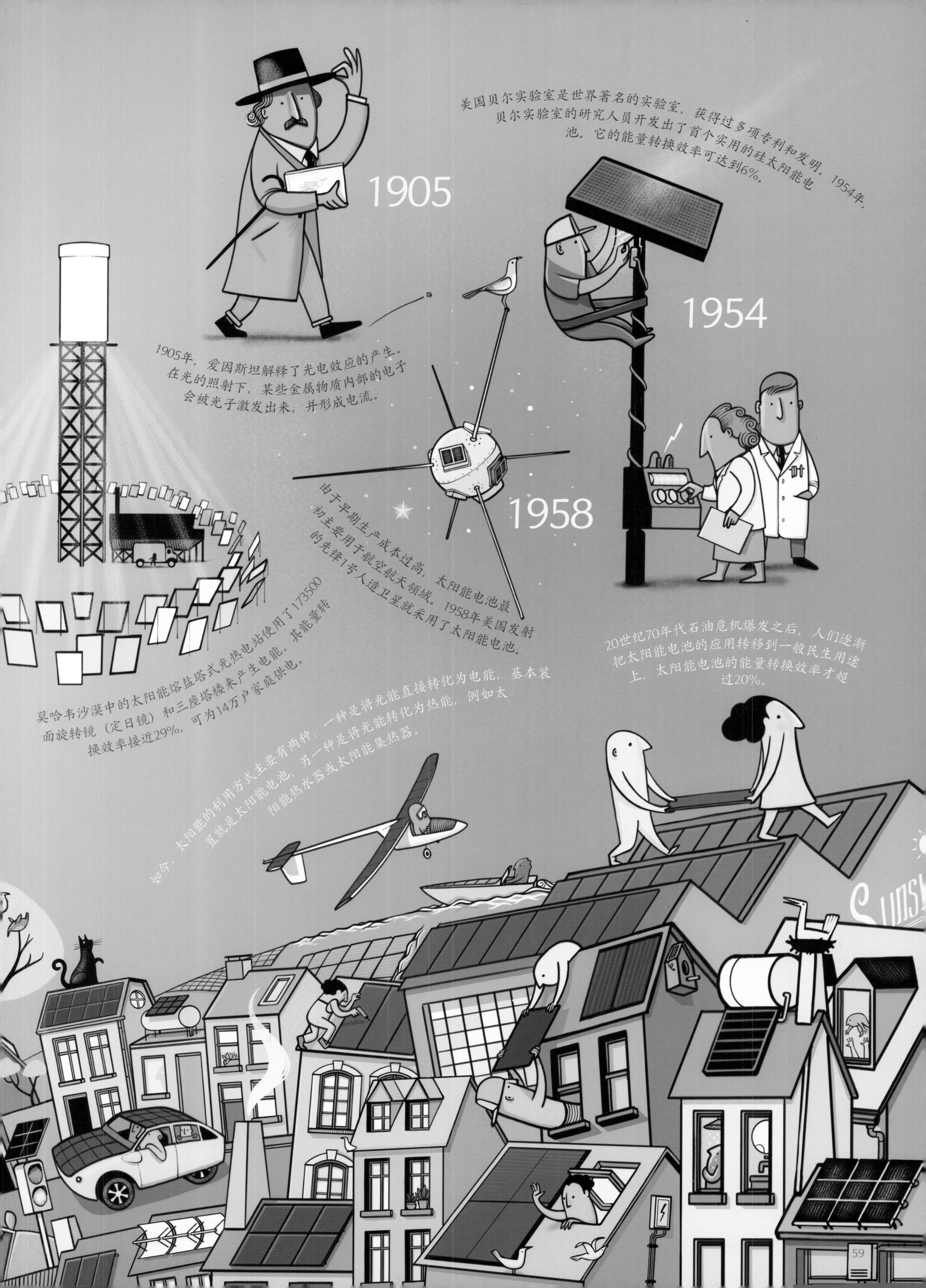
美国贝尔实验室是世界著名的实验室，获得过多项专利和发明。1954年，贝尔实验室的研究人员开发出了首个实用的硅太阳能电池。它的能量转换效率可达到6%。
1905
1905年，爱因斯坦解释了光电效应的产生。在光的照射下，某些金属物质内部的电子会被光子激发出来，并形成电流。
1954
1958
由于早期生产成本过高，太阳能电池最初主要用于航空航天领域。1958年美国发射的先锋1号人造卫星就采用了太阳能电池。
莫哈韦沙漠中的太阳能熔盐塔式光热电站使用了173500面旋转镜（定日镜）和三座塔楼来产生电能。其能量转换效率接近29%，可为14万户家庭供电。
20世纪70年代石油危机爆发之后，人们逐渐把太阳能电池的应用转移到一般民生用途上，太阳能电池的能量转换效率才超过20%。
如今，太阳能的利用方式主要有两种：一种是将光能直接转化为电能，基本装置就是太阳能电池；另一种是将光能转化为热能，例如太阳能热水器或太阳能集热器。

光合作用

光合作用是植物利用光能将二氧化碳和水转化为有机物并释放氧气的过程。有部分氧气被植物自身消耗，多余的则从气孔排出。植物是唯一可以自己制造食物的生物。它们处于食物链的底部，为人类和动物提供氧气和食物。

水循环

阳光将地表水加热并蒸发成水蒸气，这些水蒸气会形成云，跟随气流漂浮。之后，它们会通过降水回到地面。一部分降水成为地表水，流入江河，最终汇入海洋；另外一部分降水会渗入土壤，成为地下水，其中部分被植物所吸收，部分通过地下水流汇入江河湖泊。这个过程叫作“水循环”。

计算地球到太阳的距离

德国天文学家开普勒（1571—1630）曾表示，如果我们知道地球到太阳的距离，就可以计算出行星之间的距离。其中一个测定行星距离的方法为视差法，这是一种利用不同视点对同一物体的视差来测定距离的方法。你可以自己体验一下：举起一个手指，先只用左眼看，再只用右眼看，你会发现手指相对于背景的位置变了。这是因为两只眼睛看同一点的角度不同，存在视差。

1751年，法国数学家和天文学家热罗姆·拉朗德(1732—1807) 便使用视差法确定了地球到月球的距离。罗姆·拉朗德和另一位天文学家尼古拉·拉卡伊（1713—1762）分别在柏林和好望角两地进行了测量。根据他们的计算结果，地月之间的距离为380290千米，这一数值已相当精准。利用现代测量仪器所得的地月平均距离为384401千米，这是因为月球在椭圆轨道上绕地球公转。

不过，视差法无法测量地球与太阳之间的距离，这主要是由于距离过远，并且太阳亮度过高。

英国天文学家耶利米·霍罗克斯（1618—1641）是第一个证明月球在椭圆轨道上绕地球公转的人，也是当时唯一准确预测1639年金星凌日现象发生的人。他和好友威廉·克拉布特里（1610—1644）是当时该现象仅有的两名观察和记录人。遗憾的是，两人所在的观测点之间的距离不够远，因此无法计算出地球与金星间的距离，也就无法计算出从地球到太阳的距离。

当金星正好位于地球与太阳之间时，可以看到它是一个在太阳前方移动的黑点。金星凌日通常是两次凌日为一组，时间间隔为8年，而两组金星凌日会间隔105年和122年交替进行。

1716年，英国天文学家埃德蒙·哈雷重申，如果知道地球与任意行星间的距离，通过开普勒第三定律，就能知道从地球到太阳的距离，当时金星再次成为理想的候选行星。同时，埃德蒙·哈雷还发起了一项全球倡议，呼吁在1761年发生金星凌日时，测定两次凌日的时间间隔。

在17世纪和18世纪的启蒙运动期间，知识分子和历史学家经常光顾英国的咖啡馆。当时，咖啡馆是大学的一种非正式补充。由于没有酒精的影响，比起酒馆，人们可以在那里进行更严肃的交流。

在1761年的金星凌日期间，人们进行了历史上太阳和行星间距离的首次测量。来自8个国家的120名天文学家和观察员前往全球各地进行视差测量，这是从未有过的大规模国际合作，科学家们都试图测出准确的数值。尽管付出了很多努力和艰辛，但由于大家的数据差异太大，最终仍旧无法得出准确的结果。

1769年，科学家们又进行了一次新的尝试。此次由11个国家共同参加，超过150名天文学家和他们的助手前往全球77个观测点。相较于之前，这次测量队的准备工作更为充分，他们都配备了更好的望远镜和更为精准的计时工具。这次测量得出的最终结论是地球和太阳之间的平均距离为1.53亿千米，此后100多年间连小学生都知道这一距离。

在1874年和1882年的两次金星凌日期间，全球一共进行了80次测量活动。摄影器材的加入使测量变得更加准确（第一张太阳照片拍摄于1845年）。计算中的偏差已降至不到1%。

1961

直到1961年，通过金星反射回来的雷达波，理查德·戈德斯坦才精确地测量出一个天文单位的数值，使它可用于空间测距和导航。当时，该雷达波在射出大约6.5分钟后重返地球，由于雷达波以光速传播，因此地球和太阳之间的距离也就能够确定了。

1978

天文单位（以AU表示）是天文学上的长度单位，数值接近地球与太阳之间的平均距离1.496亿千米。1978年天文单位已被精确定义为149597870700米。阳光需要经过8.3分钟才能从太阳抵达地球。

日食

发生日食时，月球正好运行至太阳与地球之间，因此来自太阳的光线会被遮挡，月亮就变成了一个黑色的圆。在这个圆周围还有一圈似火焰的亮光，这就是太阳大气的最外层——日冕。不过，地球和月球一直在运动，日食发生几分钟后，阳光就会重新出现。当太阳被完全覆盖时，就会发生日全食，否则为日偏食。在日食期间，只有位于月球阴影中心的人才会看到日全食，其他地方的人只能看到日偏食。在古代，日食常引起人们恐慌。

1133

1133年，当英格兰国王亨利一世最后一次离开英格兰去往诺曼底时，恰逢日全食发生。有学者写道："这可怕的黑暗蛊惑了人们的心。"日全食发生后不久，英格兰王位争夺战随即爆发，王国陷入一片混乱。

1831

1831年，美国的奈特·特纳（1800—1831）领导了为期三天的黑奴起义。奈特·特纳将日食视为黑人的手遮蔽了太阳，并将此看作是上帝的指示。

1919

1919年日食期间，科学家们发现星光受太阳引力发生弯曲，该发现证实了爱因斯坦广义相对论的正确性。

1973年，一架协和超声速客机以2100千米/时的速度追踪日食。科学家们透过机顶窗户观察到了74分钟的日全食。

1973

不过，直视太阳是危险的行为！强烈的阳光会灼伤人的眼睛，甚至导致失明。在日食期间盯着太阳会更加危险。人类的瞳孔会因周边昏暗的环境而扩大，因此危险的辐射更易损伤视网膜。好在市场上有专门设计的日食眼镜，可以让我们安全地观看日食。

阿留申群岛位于美国和俄罗斯之间，岛民们将日食视为好运的标志。他们认为当日食发生时，太阳和月亮会暂时离开各自原本的位置，来看看地球上的一切是否仍然顺利运转。
因纽特人的神话认为，日食的发生是因为月神伊加鲁克追上了他的妹妹太阳女士玛丽娜。
澳大利亚的原住民相信，月亮和太阳是一对夫妇，日食的发生是他们拉上了帘子，来保护自己的隐私。
古希腊的雅典人认为日食和月食是由邪神造成的。他们认为这是不祥之兆。
在菲律宾的传说中，日食是一只长得像巨龙一样的鸟吞食太阳造成的。
中美洲的玛雅人认为，月食的发生是因为一只巨大的美洲豹吞食了月亮。美洲豹在黑暗中穿行，它的皮毛看起来像是星空。
而在日本，据说当日食发生时，人们会盖上水井盖，以遮蔽太阳的毒物，防止污染水源。
传说，在与主神之一——素戋呜尊发生争执后，日本的太阳女神——天照大神就会躲进洞窟中，日全食和各种自然灾害便随之而来，其他神明则跳起怪异的舞蹈，用笑声引诱天照大神走出洞窟。当她重新归位，阳光就会再次普照大地。在日本，天照大神被奉为日本天皇的始祖。
阿兹特克人相信星魔齐齐米特尔在与太阳的战斗中造成了日食。

和日食、月食相关的传说
在中国古代，人们通常认为日食是天狗吞食太阳引起的，还有的认为日食是巨龙袭击并吞食太阳造成的。从全世界范围来看，除了中国的天狗和巨龙外，各地神话中的巨兽都对太阳“情有独钟”，比如：北欧神话中的巨狼斯库尔想吞食太阳女神索尔；越南的古老传说中，一只巨大的青蛙吞食太阳导致了日食；对于古埃及人来说，是蛇魔阿波菲斯造成了日食。
在许多国家，人们会制造巨大的声响来驱赶这些饥饿的巨兽。
根据乔克托人（一北美原住民族）的传说，日食的出现是有一只顽皮的黑松鼠在咬太阳。
在印度传说中，是流星之王罗睺吞食太阳引发了日食。
在玻利维亚和韩国的传说中，火狗吞食太阳或月亮之后，全身会变成血红色。发生日食或月食时，人们一般会通过吼叫吓跑火狗。

节庆：二分二至日

季节的变化是由地轴倾斜引起的，地球的自转轴并不垂直于地球的公转轨道。这就意味地球上某些地方在5月至7月间的日照时间更长，而另一些地方则在11月至1月间的日照时间更长。如果地轴没有倾斜，那么一年中太阳直射点就始终在赤道正上方，同一地区就永远是一个季节，也就不会有夏至和冬至之分了。当太阳离赤道最近时就是春分和秋分，而当太阳离赤道最远时就是夏至和冬至。早在时钟和日历出现前的史前时代，人类就能预测二至的时间了。

夏至是一年中白天最长的一天。
尤尔节是古代日耳曼民族庆祝的冬至节，共持续12天，有点燃原木篝火的习惯。人们常常将去年烧剩的灰烬和今年的原木放在一起点燃。
谢肉节，又称“送冬节”，是俄罗斯庆祝冬天结束的节日。
在中国，春分那天很流行玩立蛋游戏，人们用这个古老的习俗庆祝春天的到来。据说如果能够立蛋成功，接下来的一年里将会好运相随。
马耳他的姆纳德拉石庙大约建造于5000多年前。在春分这天，太阳刚好从石庙的正门照射进来。
印度的帕德玛纳巴斯瓦米神庙每层都有一对窗户分别位于东、西墙的正中央，春分或秋分这天，从神庙东侧可以看到落日的余晖依次精准地穿过每层窗户
日本人会在九月的秋分那天举行秋祭活动。这一天，人们通过祭扫祖墓、前往寺庙等方式寻求与故人的联系。
在已有近4000年历史的埃及卡纳克神庙，冬至的阳光会穿过整座神庙，到达最远端的神殿，那里供奉着太阳神阿蒙。
柬埔寨的吴哥窟是巨大的寺庙群，也是世界上最大的宗教建筑之一。在建造时，人们就已考虑到了地球的公转周期和太阳的升落弧线——在春分那天，太阳会升到主塔的正上方。

有关太阳的小知识

年龄：太阳的年龄比地球的稍大。通过研究陨石，人们推测出太阳的年龄约为46亿岁。

质量：如果可以在地球上称量太阳的话，那么太阳的质量约为2.0×10^{30}千克。它的质量相当于地球的333000倍。太阳每秒约消耗400万吨燃料，大概50亿年后，日核内的氢将消耗完。

组成：迄今为止人们发现太阳中包含67种化学元素。最丰富的前十种元素分别是氢（约占71%）、氦（约占27%）、氧、碳、铁、氖、氮、硅、镁和硫。

直径：太阳的直径为1392684千米，是地球的109倍。

体积：如果太阳是空心的话，其内部可以容下130万个地球。

温度：太阳的核心温度约为1500万摄氏度，光球表面温度约为6000摄氏度。

速度：太阳以828000千米/时左右的速度绕着银河系中心飞行。地球在23小时56分4秒内完成自转，并以107000千米/时的平均速度绕太阳公转。不仅如此，整个银河系还在以216万千米/时的速度在宇宙中穿行。

超巨星和特超巨星是宇宙中光度、质量、体积都极大的恒星。与太阳相比，它们更加庞大，太阳只不过是一颗中等体型的矮星。有些恒星的体积可以容得下数十亿颗太阳。

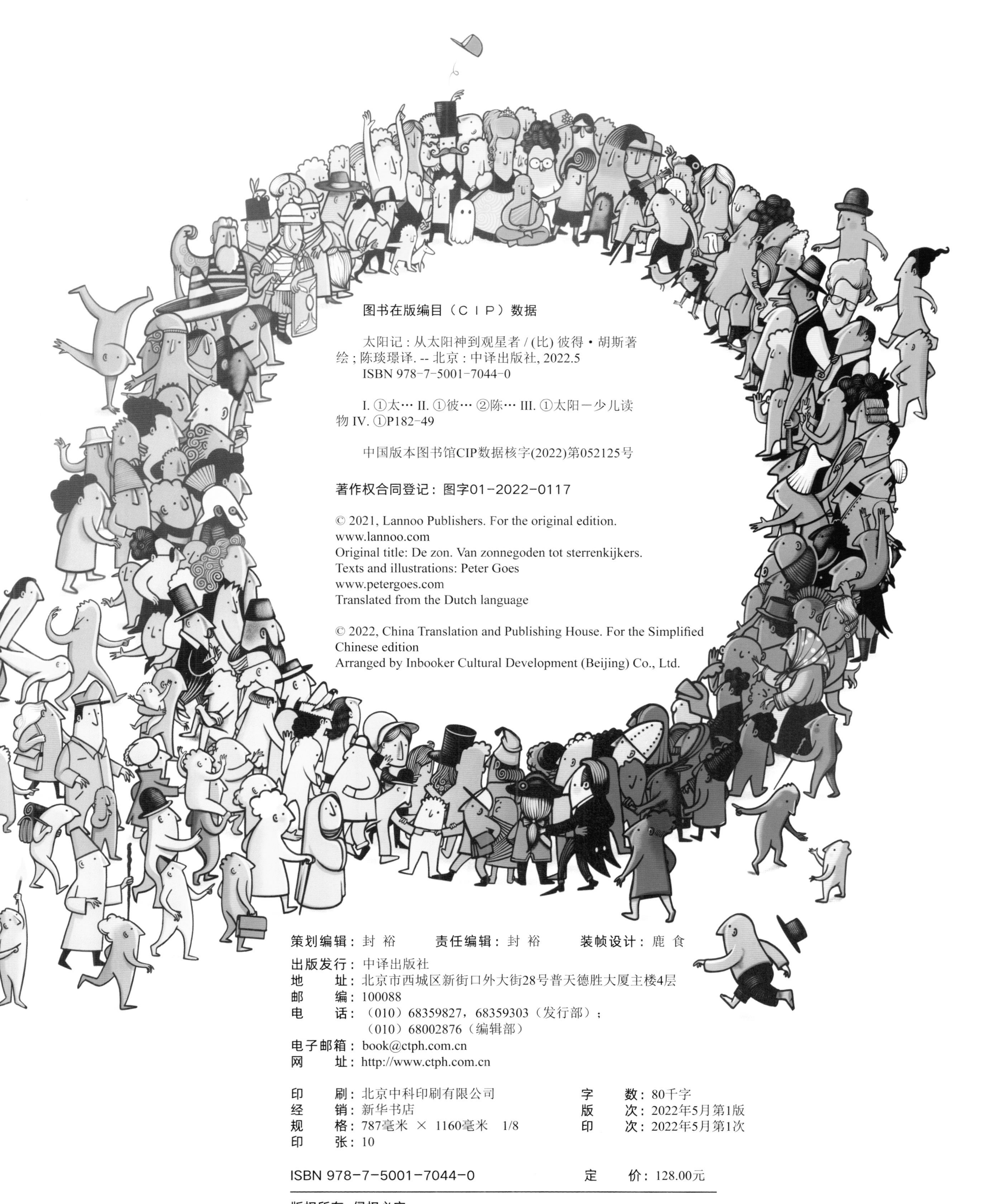

图书在版编目（CIP）数据

太阳记：从太阳神到观星者 / (比) 彼得·胡斯著绘；陈琰璟译. -- 北京：中译出版社, 2022.5
ISBN 978-7-5001-7044-0

I. ①太… II. ①彼… ②陈… III. ①太阳—少儿读物 IV. ①P182-49

中国版本图书馆CIP数据核字(2022)第052125号

著作权合同登记：图字01-2022-0117

策划编辑：封 裕　　责任编辑：封 裕　　装帧设计：鹿 食

出版发行：中译出版社
地　　址：北京市西城区新街口外大街28号普天德胜大厦主楼4层
邮　　编：100088
电　　话：（010）68359827，68359303（发行部）；
（010）68002876（编辑部）
电子邮箱：book@ctph.com.cn
网　　址：http://www.ctph.com.cn

印　　刷：北京中科印刷有限公司
经　　销：新华书店
规　　格：787毫米 × 1160毫米　1/8
印　　张：10
字　　数：80千字
版　　次：2022年5月第1版
印　　次：2022年5月第1次

ISBN 978-7-5001-7044-0　　定　　价：128.00元